送给我的女儿小雪。

——张辰亮

送给我的家人，特别是我的女儿毛甜，你好像一只海獭。

——马小得

图书在版编目(CIP)数据

海獭日记/张辰亮著；马小得绘. —北京：北京科学技术出版社，2019.10（2020.6重印）
（今天真好玩）
ISBN 978-7-5714-0472-7

Ⅰ.①海… Ⅱ.①张…②马… Ⅲ.①鼬科–儿童读物 Ⅳ.①Q959.838–49

中国版本图书馆CIP数据核字（2019）第198839号

海獭日记

作　　者：张辰亮	绘　　者：马小得
策划编辑：代　冉	责任编辑：代　艳
责任印制：张　良	图文制作：天露霖
出版人：曾庆宇	出版发行：北京科学技术出版社
社　　址：北京西直门南大街16号	邮政编码：100035
电话传真：0086-10-66135495（总编室）	0086-10-66113227（发行部）
0086-10-66161952（发行部传真）	
电子信箱：bjkj@bjkjpress.com	网　　址：www.bkydw.cn
经　　销：新华书店	印　　刷：北京利丰雅高长城印刷有限公司
开　　本：889mm×1194mm　1/16	印　　张：2.25
版　　次：2019年10月第1版	印　　次：2020年6月第2次印刷
ISBN 978-7-5714-0472-7/Q·182	

定价：132.00元（全6册）

海獭日记

张辰亮◎著　　马小得◎绘

北京科学技术出版社

1月1日

早上，照镜子时，我觉得自己好像长胖了。

妈妈说：“是你的毛变厚了。咱们海獭脂肪层不厚，全靠毛保暖。你又长大了一点儿。”

1 月 2 日

爷爷交给我一块石头，这是他平时最爱用的一块。

"你长大了，这块祖传的石头餐桌送给你，你可以用它吃蛤蜊了。"爷爷说。

我把蛤蜊放在石头上敲碎，真好吃！比妈妈的奶还好吃！

1 月 3 日

我常吃的：**蛤蜊、鲍鱼。**

我爱吃的：**海胆、螃蟹、龙虾。**

我抓不到的：**鱼。**　　　　我讨厌的：**人类扔的垃圾。**

舔舔手。

揉揉眼。

1 月 16 日

妈妈教我洗脸。

搓搓腮帮子。

抹抹脑门。

好干净！我更可爱了！
再洗洗我的石头餐桌。可以吃早饭了！

风浪预警

2 月 18 日

　　今天海浪很大。睡觉前，爸爸让我用海藻缠住肚子，他和妈妈手拉着手，这样我们就不会被海水冲跑了。

3 月 20 日

　　舅舅有一次睡觉前没缠海藻，结果被海浪送到了海南岛。

　　今天他终于回来了。他说："海南岛很漂亮，但是太热了，热得我想拔光自己的毛。"

4 月 15 日

我为了追一只螃蟹，游到离海岸很近的地方。有一只看上去和我很像的动物跳下水，把螃蟹抓走了。我都气哭了。

他看到我哭了，就分给我一半螃蟹，我们成了朋友。

4 月 16 日

　　我在桌子上画出我朋友的样子，
给爸爸看。爸爸说，他是水獭。

14

海獭生活在海里,水獭主要生活在河流和湖泊里,有的生活在沿海地区。

海獭的整个脑袋是白的,水獭只有鼻子以下发白。

海獭的鼻子近似钻石形,水獭的鼻子近似倒梯形。

海獭毛厚,显得胖胖的,水獭就显得瘦一些。

海獭的后足已经演化成鳍状了,而水獭的后足还有明显的脚趾。

4 月 26 日

　　夜里，我被亮光晃醒。我身边全是萤乌贼！
他们要赶去岸边繁殖。他们的肚子上、触手上有
很多小发光器，它们像星星一样发出蓝光。我的
家人们都没醒，只有我看到了。

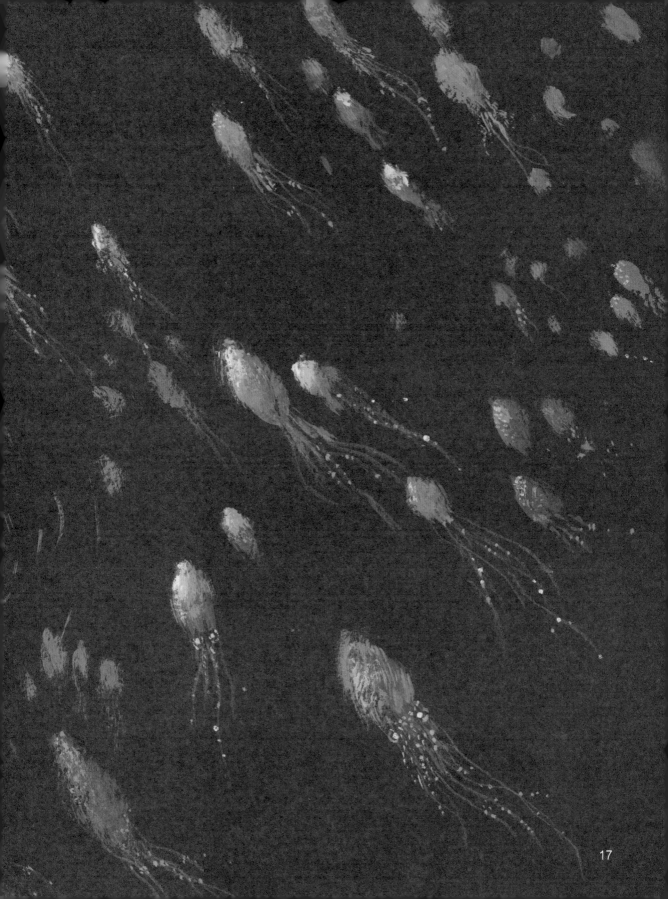

5 月 1 日

我的后足是鳍，水獭的后足是脚。

所以，我总爱和水獭比赛游泳，水獭总爱和我比赛跑步。

5 月 11 日

水獭从河里抓来鲤鱼给我吃，我被鱼刺卡了嗓子。我抓来海胆给水獭吃，他被海胆扎哭了。

5 月 19 日

妈妈给我生了一个妹妹，好小的妹妹。妈妈说我当年也这么小。

妹妹还不会游泳，整天趴在妈妈的肚子上。

6 月 1 日

今天漂来一块浮冰，上面趴着一只海豹宝宝。

他全身都是白的，像雪做的一样。

我让他躺在我的肚子上冲浪，他开心地大叫。

结果，他的叫声把他妈妈引来了。他被叼回浮冰上，被他妈妈推走了。

6月4日

　　最近海胆太多了。因为海胆吃海藻，所以海藻变少了。

　　为了让大家睡觉时都有海藻用，居委会组织了海胆自助晚宴，请附近的海獭都来吃海胆。

无限供应

8 月 29 日

　　海胆少了，海藻变多了。

　　今天有一群虎鲸游过来想吃我们，大家都躲进了海藻丛。虎鲸钻不进来。

　　幸亏我们让海藻变多了，要不然大家今天都没命了。

26

9 月 16 日

水獭拉我上岸，在沙滩上印手印玩。

我的手印比水獭的小好多，因为我的手指太短了。

"手指这么短，你怎么抓蛤蜊？"水獭问。

其实我不用手指，而用手腕抓。

10 月 23 日

　　舅舅身体恢复了，天天给海豹和座头鲸表演胸口碎大石。用来砸石头的蛤蜊和螃蟹是海豹和座头鲸带来的。

　　最后，石头没碎，蛤蜊和螃蟹却碎了。舅舅吃得美滋滋的。

胸口碎大石专场

宗亲会留念

水獭

黄鼬（黄鼠狼）

獾

水貂

11 月 3 日

爸爸和妈妈带我参加家族宗亲会。我们海獭属于鼬科。

原来我的亲戚这么多：黄鼠狼、獾、水貂、水獭。我们都是由同一个老祖宗演化而来的。我不小心踩到了黄鼠狼的脚，吓得他放了一个屁，大家都被熏跑了。

11 月 4 日

　　我的亲戚真多呀！然而他们大都生活在陆地上。我还是喜欢躺在凉凉的海水里，抱着我心爱的餐桌，吃我的海鲜大餐。